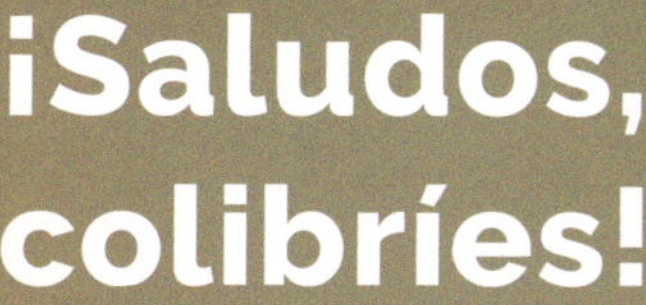

1

MARAVILLAS ANIMALES 23

LOS COLIBRÍES

QUINN M. ARNOLD

CREATIVE EDUCATION | CREATIVE PAPERBACKS

SÓLO PASANDO POR UN DULCE.

Índice

Publicado por Creative Education y Creative Paperbacks
P.O. Box 227, Mankato, Minnesota 56002
Creative Education y Creative Paperbacks
son sellos editoriales de The Creative Company
www.thecreativecompany.us

Diseño de Graham Morgan
Dirección artística de Blue Design (www.bluedes.com)

Imágenes de Alamy/Adam Jones/DanitaDelimont.com, 13, Frank Pali, 14-15, Scott T. Smith/Danita Delimont, agente, 8-9; Dreamstime/Kelly Nelson, 4, Nick Biebach, 24, Steve Byland, portada (derecha), 3, 20-21; flickr/Biodiversity Heritage Library, portada (izquierda); Getty Images/SusanGaryPhotography, 2; Shutterstock/Dec Hogan, 10-11, Sari ONeal, 16; SuperStock/Michael & Patricia Fogden/Minden Pictures, portada (centro); Unsplash/Bryan Hanson, 17, James Wainscoat, 18-19, Mark Olsen, 1, Timothy Abraham, 6-7, Zdeněk Macháček, 23

Library of Congress Cataloging-in-Publication Data
Names: Arnold, Quinn M., author.
Title: Los colibríes / by Quinn M. Arnold.
Other titles: Hummingbirds. Spanish
Description: Mankato, Minnesota : Creative Education and Creative Paperbacks, [2025] | Series: Maravillas | Includes index. | Audience: Ages 4-7 | Audience: Grades K-1 | Summary: “An introduction to hummingbirds, this beginning reader features eye-catching photographs, humorous captions, and basic life science facts about these tiny, hovering birds. This Spanish text includes a labeled image guide, glossary, and index”-- Provided by publisher.
Identifiers: LCCN 2024021886 (print) | LCCN 2024021887 (ebook) | ISBN 9798889895077 (library binding) | ISBN 9781682777183 (paperback) | ISBN 9798889895190 (ebook)
Subjects: LCSH: Hummingbirds--Juvenile literature.
Classification: LCC QL696.A558 A7618 2025 (print) | LCC QL696.A558 (ebook) | DDC 598.7/64--dc23/eng/20240627

Impreso en China

Hay cientos de colibríes. Son algunas de las aves más pequeñas de América.

ESTA FLOR SE VE RARA.

Los colibríes pueden ser de muchos colores brillantes. Sus alas rápidas emiten un zumbido.

Los colibríes no huelen. Pero tienen ojos grandes. Pueden ver todo a su alrededor. Buscan flores.

AQUÍ NO HAY OLORES.

Los colibríes hambrientos comen néctar. Utilizan sus picos largos y curvados. También comen insectos pequeños.

¡ÑAM!

LAS CRÍAS DEL COLIBRÍ PUEDEN VOLAR A LAS TRES SEMANAS.

Un bebé colibrí sale de un huevo. Se queda en el nido. Su madre lo alimenta al principio. Pronto puede volar.

Los colibríes flotan. Vuelan arriba, abajo y alrededor. Buscan comida.

MI COLOR FAVORITO ES EL ROJO.

¡Adiós, colibríes!

[Imagina un colibrí]

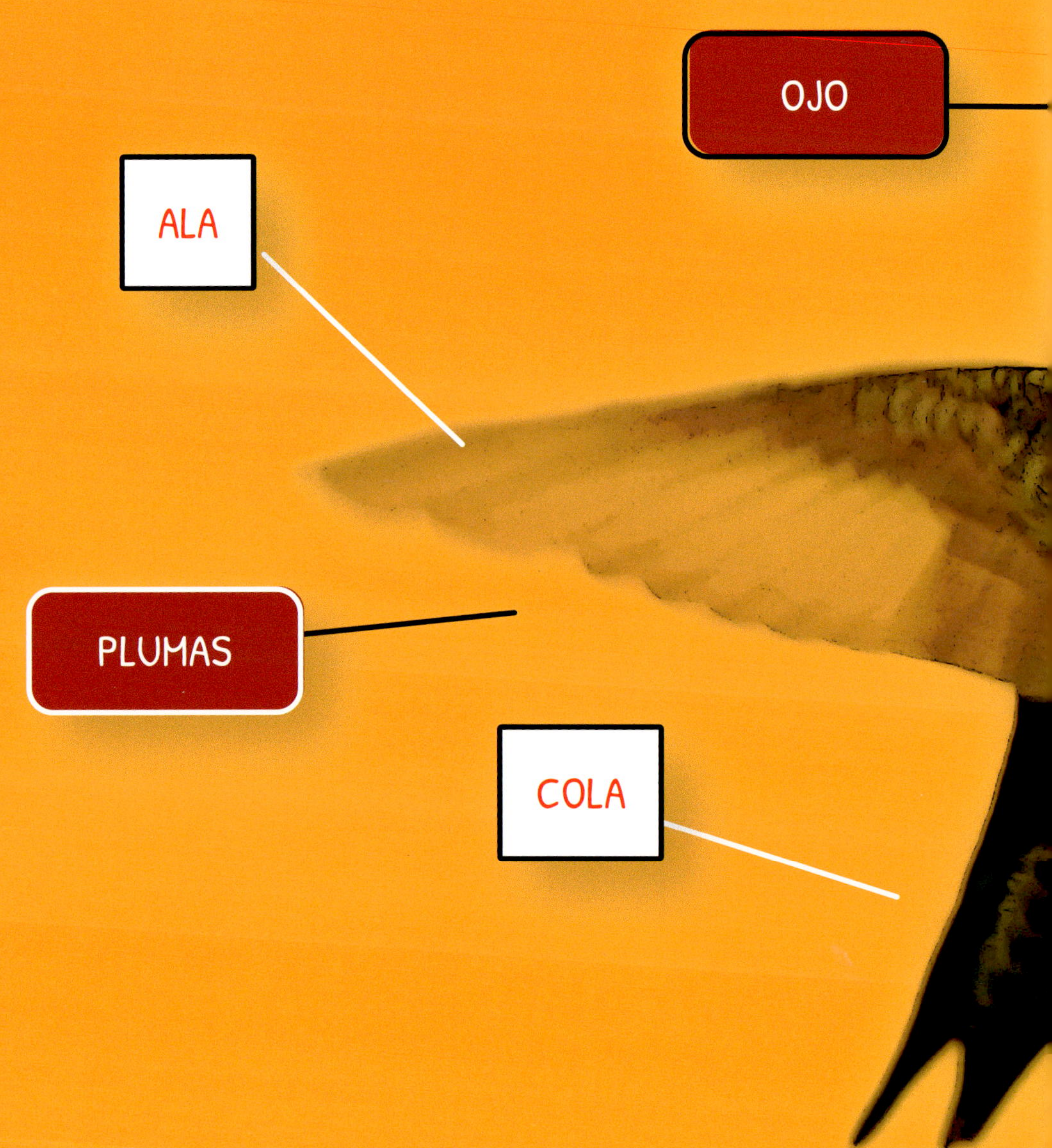

PICO
PIE
GARRA

PALABRAS QUE DEBES CONOCER

flotar: permanecer en un solo lugar en el aire

néctar: líquido dulce que producen las flores

pico: parte de la cara de un pájaro que sobresale

ÍNDICE